CONTENTS

4	**Introduction**
8	**Water**
18	**Landmarks**
30	**The Cold Earth**
40	**Human Impact**
52	**Clouds**
64	**Cities**
74	**The Hot Earth**

INTRODUCTION

TERRA

GeoEye-1

IKONOS

International Space Station

1968년 크리스마스이브, 아폴로 8호Apollo 8의 우주비행사 빌 앤더스Bill Anders는 달 궤도에서 '지구돋이Earthrise'를 촬영했다. 이는 인류가 심우주에서 지구를 촬영한 첫 사진으로, 이후 지구를 촬영하려는 전 세계적인 관심을 불러일으켰다. 1972년, 미항공우주국 나사NASA는 오직 지구의 육지를 관측하기 위한 최초의 위성인 랜드샛 1호Landsat 1를 발사했다. 1978년 임무를 마치고 퇴역했지만, 그 뒤를 잇는 랜드샛 5, 7, 8호가 계속해서 데이터를 보내며 '우주에서 본 지구Earth From Space' 프로젝트에 기여하고 있다. 이 위성들은 지구 자원에 초점을 맞추고 있어, 인간 사회의 영향력을 파악하는 데 중요한 자료를 제공한다.

위성 덕분에 우리는 이전까지 설명하기 어려웠던 지구의 다양한 과정을 연구하고 분석할 수 있게 됐다. 기상 예측과 자연재해 대비 기술이 비약적으로 향상된 것도, 이러한 궤도 장치의 등장과 무관하지 않다. 기술이 고도화됨에 따라 위성이 촬영하는 자료의 품질과 다양성도 급상승했다. 그들이 보내오는 복합 이미지들은 단순한 컬러 사진을 넘어서는데, 예를 들어 나사의 수오미 NPPSuomi NPP 위성에 탑재된 센서는 전자기 복사선[electromagnetic radiation: 눈에 보이지 않는 다양한 파장대의 에너지 흐름]을 측정한다. 극지방 사이를 도는 이 위성은 기후변화를 이해하는 데 필수적인 데이터를 제공한다. 또 다른 나사의 연구 위성인 테라TERRA는 서로 다른 다섯 개의 영상 센서를 탑재하고 있으며, 이 중 세 개는 이 화보에 포함된 인상적인 사진들을 촬영했다. 센서마다 역할이 다른데, 하나는 지표면을 촬영하고, 다른 하나는 대기, 구름, 육지를 3차원으로 기록하며, 세 번째 장비인 MODIS(중간 해상도 영상 분광 방사계)는 대기, 육지, 극지방의 빙하 지형 등 전 지구적 특성을 감지한다. 같은 MODIS 센서는 나사의 아쿠아Aqua 위성에도 탑재되어 있는데, 이 위성은 지구의 물을 감시하는 임무를 수행하며 바다, 강, 얼음, 구름, 토양까지도 관측한다.

이 컬렉션에는 지구 영상 기술의 최첨단을 대 ➔

푸른 행성

지구를 하나의 프레임에 담은 최초의 사진 중 하나. 아폴로 8호Apollo 8의 우주비행사가 약 30,000km 거리에서 촬영한 이 사진에는 남극대륙이 화면 상단에 위치해 있다.
사진: NASA

거대한 경계선
미국 캘리포니아와 네바다

시에라 네바다 산맥Sierra Nevada Mountains은 태평양에서 불어오는 습한 해양 공기를 가로막는다. 이로 인해 산맥의 서쪽, 즉 캘리포니아 쪽은 푸르게 우거진 풍요로운 지역이 형성되고, 동쪽 내륙인 네바다 쪽은 메마른 건조 지형이 펼쳐진다.

사진: 유럽우주국 (ESA)

표하는 두 위성의 사진도 포함돼 있다. 바로 지오아이-1GeoEye-1과 아이코노스IKONOS다. 지오아이-1이 촬영한 고해상도 이미지는 현재 존재하는 가장 세밀한 지구의 모습이며, 아이코노스는 가시광선을 넘어선 정보를 보여주는 다중 스펙트럼 영상과 흑백(판크로매틱) 사진을 제공한다.

지오아이-1 같은 상업용 위성들이 증가하면서 전체적인 감시 비용은 낮아졌지만, 여전히 한 대를 쏘아 올리는 데 최소 약 56억 원이 든다. 그래서 위성이 궤도에 진입하면, 이를 최대한 활용할 필요가 있다.

2000년에 발사된 나사의 지구관측위성 EO-1Earth Observing-1은 애초에 1년짜리 임무로 계획되었지만 성능이 워낙 뛰어나 오늘날까지도 운용

생태계를 구분할 수 있는 고스펙트럼 영상에 이르기까지 풍부한 이미지를 제공한다.

우리를 지켜보는 건 위성뿐이 아니다. 국제우주정거장(ISS)에는 여섯 명의 우주비행사들이 상시 탑승하고 있으며, 다수의 지구 관측 장비들도 함께 있다. ISS는 낮은 지구 궤도에서 운용되기 때문에, 지구를 비스듬히 바라보는 독특한 시점의 사진을 촬영할 수 있다.

아폴로 우주인들이 떠났던 탐험 정신은, 그로부터 반세기가 지난 지금도 여전히 살아 있다. 그동안 ISS는 완성됐고, 수천 개의 위성들이 지구를 감시하고 있다. 이 특별판에 담긴 놀라운 이미지들을 통해, 우리 모두가 우주인의 시선으로 지구를 바라볼 수 있게 되었다.

콜로세움
이탈리아 로마

약 2,100년 전에 세워졌지만, 이 고대 원형경기장은 여전히 위풍당당한 모습을 자랑한다. 사진의 좌측 상단에 자리 잡은 이 유적지는 약 20,000m² 규모로, 현대 도시 한가운데에 둘러싸여 있다.

사진: 디지털글로브DigitalGlobe / 게티Getty

섬 속 낙원
바하마 제도

바하마의 눈부시게 푸른 바다는 얕은 수심 덕분에 거의 빛을 내는 듯한 선명함을 자랑한다.

사진: NASA / 제프 슈말츠Jeff Schmaltz

↑ 보르탕허 요새
네덜란드

이 독특한 별 모양의 요새는 독일 국경 근처에 위치해 있다. 최초 건설은 1593년에 이루어졌으며, 이후 약 200년 동안 방어 요새로 사용되었다. 최근 25년에 걸친 복원 작업을 거쳐, 현재는 박물관으로 운영되고 있다.

사진: 디지털글로브DigitalGlobe

→ 토네이도의 흔적
미국 매사추세츠

2011년 6월 1일, 단 하나의 토네이도가 이 사진 중앙을 가로지르는 옅은 갈색 선을 따라 63km에 달하는 파괴의 흔적을 남겼다. 폭 약 800m의 이 토네이도는 주거지와 산림 지역을 휩쓸며 큰 피해를 입혔다.

사진: NASA / 제시 앨런Jesse Allen

WATER

지구 표면의 70% 이상이 물로 덮여 있어 '푸른 행성blue planet'이라는 별명이 붙은 것도 자연스러운 일이다. 굽이치는 시냇물이나 고요한 석호는 매혹적으로 보이지만, 물은 예측할 수 없는 성질 때문에 언제든 위험적인 존재로 돌변할 수 있다.

순다르반스

방글라데시

축구장 약 17만 개에 달하는 면적에 걸쳐 펼쳐진 순다르반스는 세계에서 가장 큰 맹그로브 숲 중 하나다. 이 숲은 갠지스Ganges, 브라마푸트라Brahmaputra, 메그나Meghna 강의 주요 하류에서 서쪽에 위치한다.
숲의 북쪽 지역은 인구가 밀집해 있어 광범위하게 농업이 이뤄지고 있다.

사진: NASA / 제시 앨런Jesse Allen

그레이트 블루 홀

벨리즈

벨리즈 해양 장벽 보호구역Belize Barrier Reef Reserve System의 일부인 이 경이로운 해저 싱크홀은 스쿠버 다이빙 애호가들에게 특히 인기 있는 장소다. 원형 형태의 이 동굴은 직경 300m, 깊이 124m에 달한다. 마지막 빙하기 당시에는 해수면이 현재보다 최대 120m 낮았다. 이 시기에 빗물이 석회암 지형을 침식해 동굴이 형성되었고, 이후 해수면이 다시 상승하면서 동굴이 물에 잠겨 지금의 그레이트 블루 홀이 탄생하게 되었다.

사진: 디지털글로브DigitalGlobe

보라보라섬

프랑스령 폴리네시아

태평양 한가운데, 석호와 환초에 둘러싸인 보라보라섬은 바다 위로 솟은 화산섬이다.
화산 활동이 멈춘 뒤 섬은 서서히 가라앉기 시작했고, 그 주변으로 산호가 자라면서 띠처럼 둘러싼 산호초와 석호가 형성되었다.
섬이 계속 침강하면서 외곽의 산호초는 점차 커져 현재의 거대한 장벽초barrier reef를 이루게 되었다.

사진: 디지털글로브DigitalGlobe / 게티Getty

석호
뉴칼레도니아

호주 동쪽 약 1,000km 떨어진 곳에 위치한 뉴칼레도니아에는 장관을 이루는 석호와 산호초가 펼쳐져 있다.
이 얕은 바닷물은 혹등고래 humpback whale, 바다뱀 sea snake, 듀공 dugong을 포함한 다양한 생물들의 서식지이기도 하다.
사진: NASA

아마존강
브라질

아마존강의 발원지는 여전히 논쟁 중이지만, 그 길이가 약 6,400km에 달한다는 사실만으로도 그 규모를 실감할 수 있다. 1,000개가 넘는 지류를 가진 아마존강의 유역은 남아메리카 대륙의 약 40%를 차지한다. 전 세계 강물 유량의 5분의 1을 담당하며, 이 강이 운반하는 담수는 해안에서 최대 160km 떨어진 바닷물의 염도까지 낮춘다.

사진: NASA / GSFC /
자크 데스클루아트르 Jacques Descloitres

코르 알 아다이드

카타르 남부

거대한 사구 사이에 자리한 코르 알 아다이드는 현지인들에게 '내륙의 바다Inland Sea'로 알려져 있다. 이곳은 깊고 좁은 수로를 통해 페르시아만Persian Gulf과 연결되어 있다. 조수의 흐름에 따라 깊은 바닷물이 아라비아의 모래를 휘저으며 나무 가지처럼 펼쳐진 경이로운 무늬를 만들어낸다.

사진: 디지털글로브DigitalGlobe

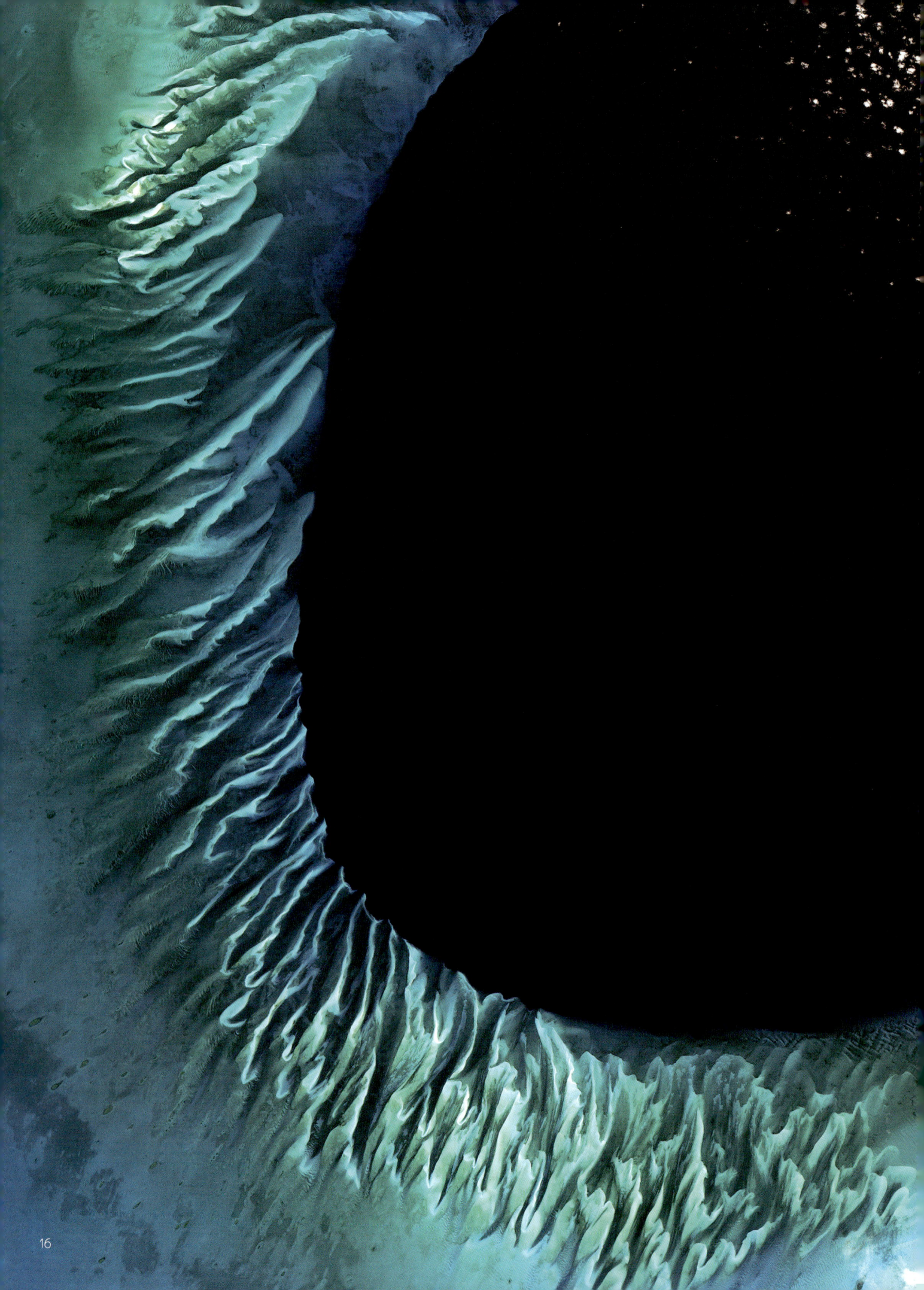

모래와 해조류
바하마

'바다의 혀Tongue of the Ocean'라 불리는 이 깊은 해양 해구는 바하마의 안드로스 섬Andros과 뉴프로비던스 섬New Providence을 가르고 있다. 해구의 짙은 검은색은 주변의 에메랄드빛 모래와 해조류 군락과 극명한 대비를 이루며 바닷물의 깊이를 강조한다. 해류와 조수의 흐름은 모래를 깎아내며 이처럼 황홀한 무늬를 만들어냈다.

사진: NASA / 세르주 앙드레푸에Serge Andrefouet

그 이후
센다이, 일본

물의 아름다움은 부정할 수 없지만, 그 이면에 숨은 위협은 언제나 가까이에 있다.
이 사진은 2011년 3월 11일 발생한 규모 9.0의 대지진이 초래한 참혹한 장면을 담고 있다. 지진으로 발생한 거대한 쓰나미는 15,000명 이상의 목숨을 앗아갔다.

사진: 디지털글로브DigitalGlobe

LANDMARKS

우리의 지형을 형성하는 장소들은 자연이 만든 것이든, 사람이 만든 것이든 다양하다. 지상에서 바라보는 모습도 충분히 경이롭지만, 하늘에서 내려다볼 때 비로소 완전히 새로운 시각이 열리기도 한다.

울루루
오스트레일리아 노던테리토리

메마른 오스트레일리아 아웃백Outback한 가운데 우뚝 솟아 있는 에어즈 록Ayers Rock, 또는 원주민들이 부르는 이름인 울루루Uluru는 높이 348m, 길이 3.6km에 달하며 세계에서 가장 큰 바위로 손꼽히기도 한다. 해가 뜰 때와 질 때, 이 거대한 바위는 짙은 붉은빛으로 빛나며 압도적인 풍경을 연출한다.
사진: NASA

기자 네크로폴리스
이집트 카이로 인근

세 개의 거대한 피라미드와 스핑크스가 자리한 기자 네크로폴리스는 고대 이집트 문명의 정수를 보여준다.
그중 가장 북쪽에 위치한 '쿠푸 왕의 대피라미드The Great Pyramid'는 고대 세계 7대 불가사의 중 가장 오래된 유산으로, 무려 3,800년 넘게 인류가 만든 구조물 중 가장 높은 기록을 유지했다.
사진: 디지털글로브DigitalGlobe / 게티Getty

나스카 라인
페루 이카 지역

약 2,000년 전 만들어졌지만, 이 고대 도형들의 의미는 여전히 미스터리로 남아 있다. 나스카 라인은 지표를 덮고 있던 붉은 자갈층을 걷어내어 그 아래 밝은 색의 땅을 드러냄으로써 형성되었다.
사진: NASA / GSFC / 아스터ASTER

타지마할
인도 아그라

타지마할은 무굴 제국의 황제 샤 자한Shah Jahan이 세 번째 아내를 기리기 위해 지은 영묘로, 1653년에 완공되었다. 전해지는 이야기로는, 황제가 강 건너편에 흑요석으로 만든 또 하나의 타지마할 즉, 이 구조물의 거울상 같은 건축물을 짓고자 했으나, 생전에 완성하지 못했다고 한다.

사진: 디지털글로브DigitalGlobe / 게티Getty

그랜드 캐니언

미국 애리조나

콜로라도강Colorado River이 그랜드 캐니언을 처음 관통하기 시작한 시점은 약 1,700만 년 전으로 추정된다. 이 거대한 협곡은 길이 466km, 너비 최대 29km, 깊이 1,800m에 이른다. 협곡에서 가장 오래된 암석인 비슈누 편암Vishnu Schist은 무려 20억 년 전 형성된 것으로 알려져 있다.

사진: NASA / 로버트 시몬Robert Simmon

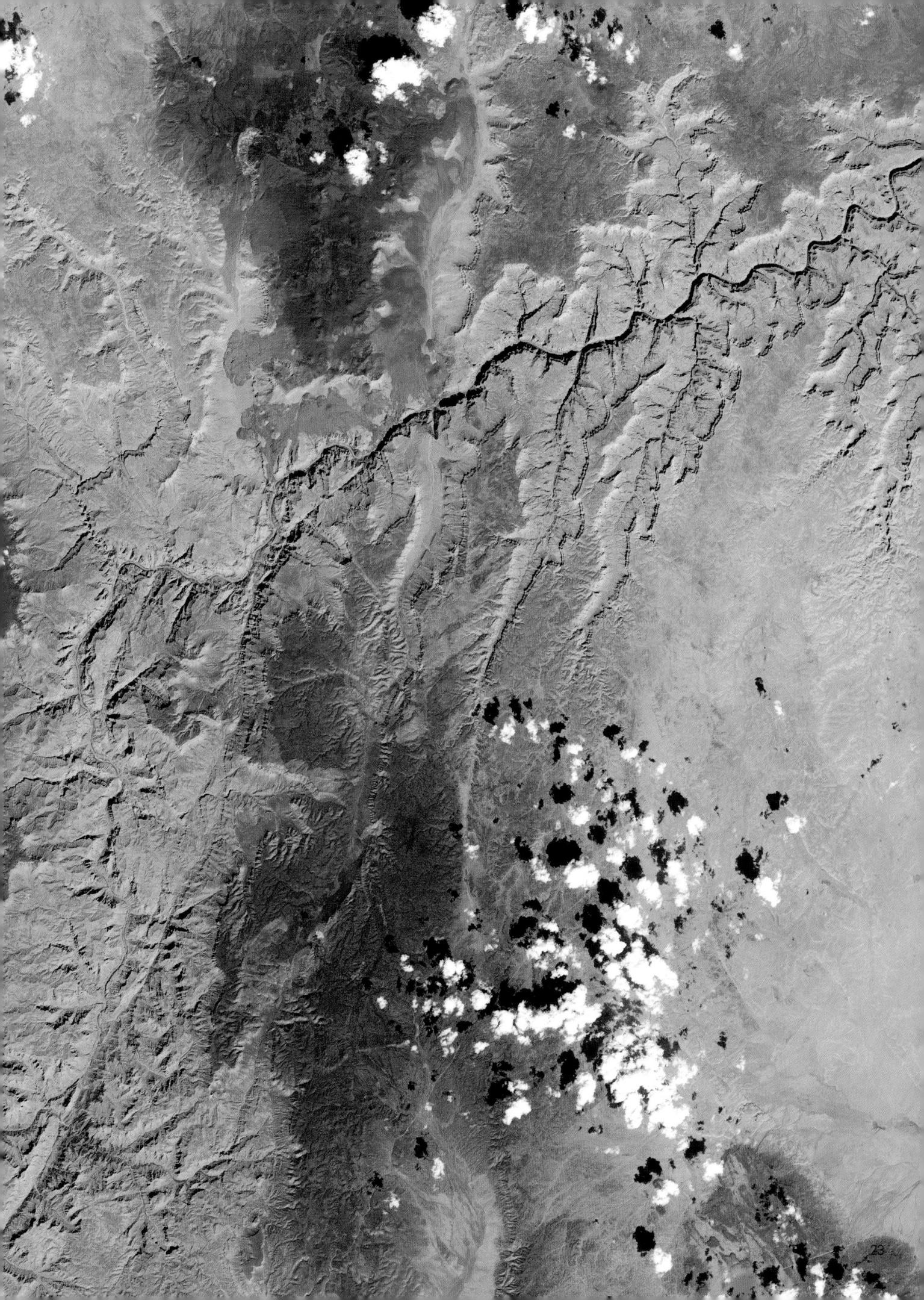

마추픽추
페루 쿠스코 지역

해발 2,430m 고도에 자리한 마추픽추는 15세기에 세워진 잉카 문명의 대표 도시 중 하나로, 오늘날까지도 세계적으로 잘 알려져 있다. 그러나 건설된 지 불과 100년 만에 갑작스럽게 버려졌다.
수세기 동안 지역 주민들만 알고 있던 이 유적은 1911년, 미국 탐험가 하이럼 빙엄Hiram Bingham에 의해 재발견되었다.

사진: 새틀라이트 이미징 코퍼레이션Satellite Imaging Corp / 지오아이GeoEye

LANDMARKS

← **치첸이사**

멕시코 유카탄

마야 도시 유적 중 가장 유명한 구조물인 '엘 카스티요 El Castillo'는 계단식으로 층층이 쌓인 거대한 피라미드다. 이 피라미드는 총 365개의 계단으로 이루어져 있는데, 각 면에 91개씩, 정상에 1개를 더해 1년의 날짜 수와 정확히 일치한다.

사진: 새틀라이트 이미징 코퍼레이션 Satellite Imaging Corp

↓ **스톤헨지**

영국 윌트셔

스톤헨지가 어떻게, 그리고 왜 세워졌는지는 여전히 수수께끼로 남아 있다. 방사성 탄소 연대 측정 결과에 따르면, 고고학자들은 이 거석 구조물이 기원전 3000년에서 2000년 사이에 건설된 것으로 보고 있다.

사진: 새틀라이트 이미징 코퍼레이션 Satellite Imaging Corp

나이아가라 폭포
미국과 캐나다

나이아가라 폭포를 이루는 세 개의 폭포 중 가장 규모가 큰 것은 말발굽 모양의 호스슈 폭포Horseshoe Falls다. 이 폭포는 수직 낙차가 50m에 달하며, 수량이 가장 많은 시기에는 초당 5,700m³에 이르는 어마어마한 물이 쏟아져 내린다.

사진: NASA

부르즈 칼리파

아랍에미리트 두바이

높이 829.8m에 이르는 부르즈 칼리파는 세계에서 가장 높은 건물이다. 완공까지 5년 이상이 걸렸으며, 총 건설비는 약 15억 달러(약 2조 700억 원)에 달한다. 144층에 위치한 세계 최고 고도의 나이트클럽을 비롯해 여러 개의 세계 기록을 보유하고 있다.

사진: 디지털글로브 DigitalGlobe / 게티 Getty

취임식

미국 워싱턴 D.C.
2009년 1월 20일

추운 겨울날, 백만 명이 넘는 인파가 워싱턴 D.C.에 모여 미국 제44대 대통령 버락 오바마 Barack Obama 의 첫 번째 취임식을 지켜보았다.

사진: 디지털글로브 DigitalGlobe / 게티 Getty

자금성
중국 베이징

약 500년에 걸쳐 자금성은 중국 황제의 거처이자 통치의 중심지였다. 길이 961m, 너비 753m에 달하는 이곳은 세계 최대 규모의 궁궐 복합 단지로 손꼽힌다. 황제의 허가 없이는 누구도 출입할 수 없었기에 '금지된 도시Forbidden City'라는 이름이 붙었다.

사진: 디지털글로브DigitalGlobe / 게티Getty

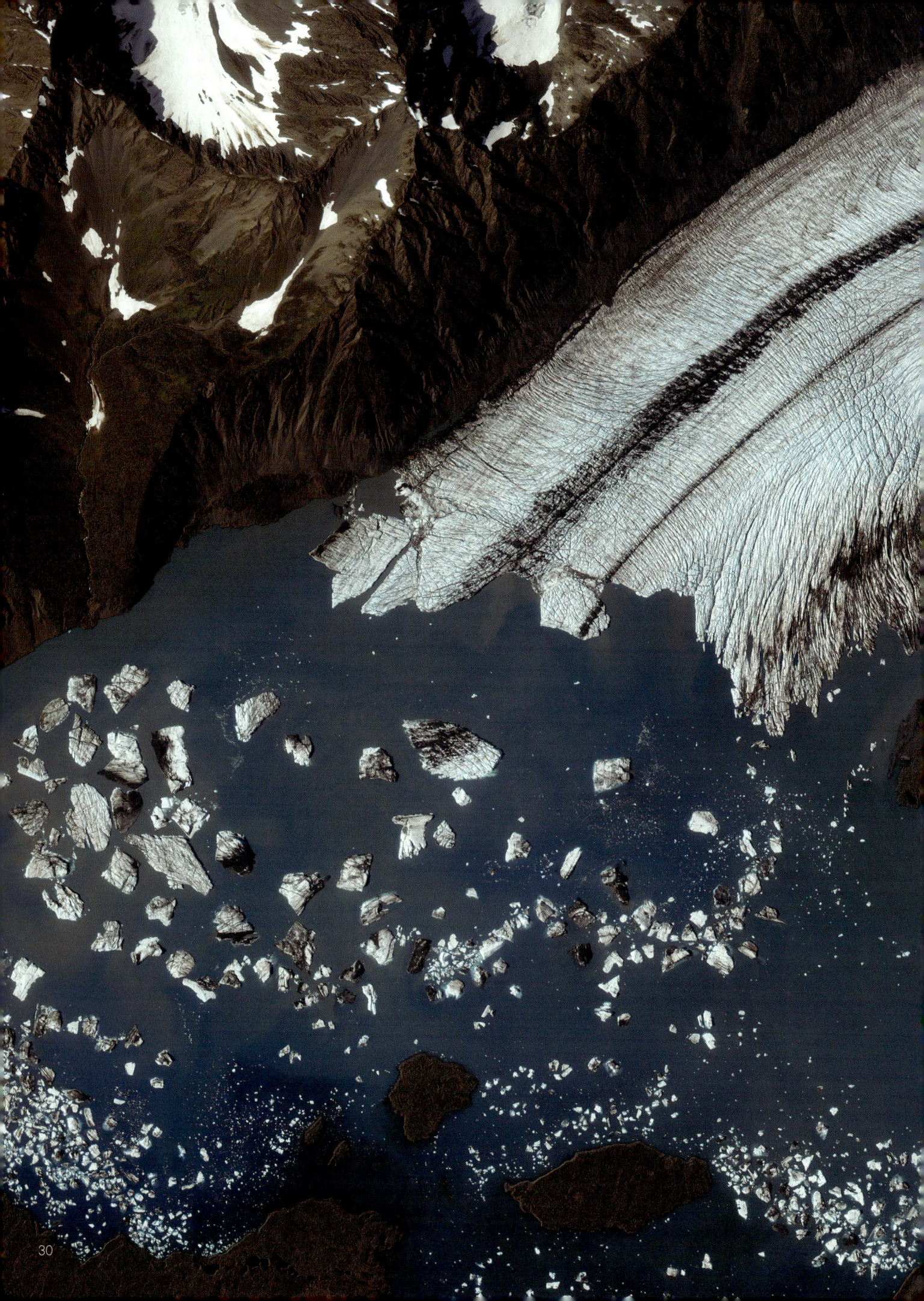

THE COLD EARTH

극지방의 빙하가 그 어느 때보다 빠르게 녹고 있는 반면,
사막에는 눈이 내리고 있다.
모두 지구 기후가 급격히 변화하고 있다는 뚜렷한 신호다.

케나이 피오르드
알래스카, 미국

케나이 피오르드에는 30개가 넘는 빙하가 있으며, 그중 베어 빙하Bear Glacier가 가장 크다. 과거에는 이 일대가 빙하로 완전히 뒤덮여 있었지만, 1940년대 이후 빙하는 서서히 뒤로 물러나기 시작했다. 그 결과, 빙하 아래에는 스트론 호Strohn Lake가 형성되었다.
사진: NASA/GeoEye

남극
남극대륙, 남극대륙

남극은 세계에서 가장 큰 사막이다. 일부 지역은 강수량이 거의 없으며, 눈이나 비가 아예 내리지 않는 곳도 있다. 면적은 오스트레일리아의 두 배에 달하며, 전체 면적의 98%가 평균 두께 1.6km의 얼음으로 덮여 있다.
지구 전체 얼음의 90%가 이 대륙에 집중돼 있으며, 이 얼음이 모두 녹는다면 전 세계 해수면은 약 60m 상승하게 된다.
사진: NASA/GSFC

보퍼트 해

알래스카, 미국

아래 위성 사진은 2012년 5월, 알래스카 해안 근처의 얼음과 눈을 보여준다. 그 아래 사진은 같은 지역을 한 달 뒤 촬영한 것이다. 매년 6월이면 얼음이 녹는 현상이 일반적이지만, 그해 여름에는 유난히 빠르게 진행됐다. 하루에 최대 150,000km²의 해빙이 녹아내렸는데, 이는 평소보다 두 배에 달하는 속도였다.

사진: NASA/Jesse Allen (LAADS)

타클라마칸 사막
중국

2007~2008년 겨울, 타클라마칸 사막에서 사상 처음으로 눈이 기록됐다.
기상 관측 이래 처음 있는 일이었지만, 다른 지역에서는 혹독한 날씨로 인해 건물이 파손되고 농작물이 피해를 입었으며, 수백 명의 인명 피해도 발생했다.

사진: NASA / 제프 슈말츠Jeff Schmaltz

브리튼 제도
2010년 1월 7일

2010년 1월, 영국 전역은 눈으로 덮이고 기온이 −18℃까지 떨어지며 사실상 마비 상태에 빠졌다. 이 한파는 전년도 11월부터 시작됐으며, 12월은 100년 만에 가장 추운 달로 기록되었다.

사진: NASA /

제프 슈말츠Jeff Schmaltz

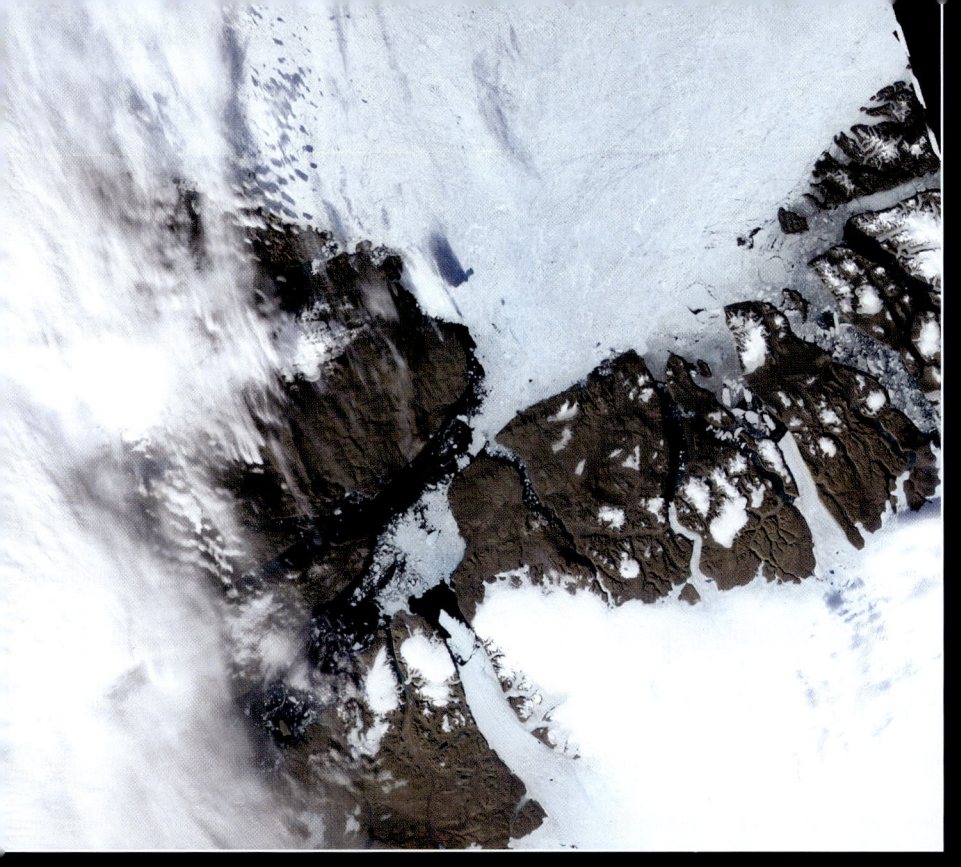

페터만 빙하
그린란드

2010년 8월 5일, 워싱턴 D.C. 보다 큰 얼음 덩어리가 페터만 빙하에서 떨어져 나갔다. 이는 거의 50년 만에 관측된 가장 거대한 빙산으로, 길이 70km에 달하던 빙하는 이 사건으로 약 4분의 1이 줄어들었다.

사진: NASA / 제시 앨런Jesse Allen / 로버트 시몬Robert Simmon

산맥
키르기스스탄

눈 덮인 풍경이 이식쿨 호수Lake Issyk-Kul를 둘러싼 톈산Tian Shan과 파미르 알라이Pamir Alay 산맥을 선명하게 드러낸다. 이 중앙아시아 국가의 95%는 산지로 이루어져 있다.

사진: NASA / GSFC / 제프 슈말츠Jeff Schmaltz

에베레스트산
히말라야 산맥

히말라야는 높이 7,200m를 넘는 산이 100개 이상 있는 세계에서 가장 높은 산맥이다. 그 중 가장 높은 봉우리는 바로 에베레스트산Mount Everest으로, 높이는 무려 8,848m에 달한다.

사진: NASA

HUMAN IMPACT

지구는 인류가 존재하기 훨씬 이전부터 끊임없이 진화하고 변화해왔다.
그러나 인류가 지표면에 끼친 영향은 부정할 수 없다.
문명, 농업, 채굴과 같은 인간 활동은 지구 곳곳에 분명한 흔적을 남겨왔다.

몬티호 만

파나마

산파블로 강San Pablo River은 파나마를 가로질러 몬티호 만Gulf of Montijo으로 흘러든다.
이 사진은 생태 전이지대ecological transition zone를 보여주며, 강 주변의 보호 습지에서 바깥쪽 농장과 목초지로 이어지는 풍경의 극적인 변화를 담고 있다.

사진: NASA/버지스 하웰Burgess Howell

산림 파괴 2000년

혼도니아 주, 브라질

1970년대 이후, 브라질 혼도니아 주는 급격한 변화를 겪었다.
처음에는 아마존 열대우림의 일부가 도로 건설을 위해 개간되었고, 이후 농민들이 이주해 작은 규모로 농지를 일구기 시작했다.
시간이 지나면서 농장이 점차 커졌고, 산업형 농업industrial-scale agriculture이 산림 파괴의 주된 원인으로 자리 잡았다.
사진: NASA/ASTER/로버트 시몬Robert Simmon

산림 파괴 2006년

혼도니아 주, 브라질

불과 6년 만에 브라질은 약 150,000 km²에 달하는 숲을 잃었다.
이는 그리스Greece 전체 면적보다 더 넓은 규모다.
비록 산림 파괴 속도는 이전보다 감소했지만, 현재 수준이 유지된다면 2030년까지 아마존 열대우림의 40%가 사라질 것으로 예측된다.
사진: NASA/ASTER/로버트 시몬Robert Simmon

새우 양식
폰세카 만, 온두라스 · 니카라과

새우 양식은 온두라스의 세 번째로 큰 수출 산업으로, 약 18,000명 이상의 일자리를 제공하는 것으로 추정된다.
사진 속 초록색 사각형은 조류가 풍부한 활성 새우 양식장이고, 회색 구역은 물을 뺀 비활성 양식장이다.
이 양식장들은 짙은 녹색의 습지 지대와 맞닿아 있다.

사진: NASA/제시 앨런Jesse Allen

충적선

이란 남부

자그로스 산맥Zagros Mountains의 계곡을 따라 계절적으로 마르는 하천이 길을 만들어낸다.
표면은 대부분의 기간 동안 건조하지만, 지하에는 여전히 물이 흐른다.
산 아래로 내려오면 하천은 속도를 잃고 계곡 바닥을 따라 부채꼴로 퍼지는데, 이 물은 농작물 관개에 활용된다.

사진: NASA/ASTER/제시 앨런Jesse Allen

산 고르고니오
패스 풍력 발전소

캘리포니아, 미국

3,218기의 풍력 터빈이 설치된 이곳은 캘리포니아에서 가장 큰 풍력 발전 단지 중 하나다.
현재 캘리포니아는 풍력 발전만으로 전력 수요의 약 5%를 충당하고 있다.
그러나 2020년까지 전체 에너지의 33%를 지속 가능한 에너지 자원으로부터 공급받는 것을 목표로 삼고 있다.

사진: NASA/스페이스 이미징 Space Imaging

구자라트 솔라 파크

구자라트, 인도

아시아 최대 규모의 태양광 발전 단지가 인도 서부 구자라트에 건설되고 있다. 이 발전 단지는 인도 전체 태양광 발전량의 약 3분의 2를 생산하며, 매년 약 800만 톤의 이산화탄소 배출을 줄일 수 있을 것으로 추산된다.

사진: 디지털글로브DigitalGlobe

태양열 발전

세비야 인근, 스페인

플란타 솔라 20Planta Solar 20는 세계에서 가장 강력한 태양열 집광식 발전 타워solar power tower다. 총 1,255개의 거울이 태양빛을 중앙 수신기에 반사해 열을 집중시킨다. 이 열로 생성된 증기는 터빈을 돌려 전기로 전환된다.

사진: NASA/GSFC/ASTER

딥워터 호라이즌 원유 유출

멕시코만

2010년 4월 20일

딥워터 호라이즌Deepwater Horizon 시추선의 폭발 사고로 11명이 사망했으며, 이후 87일간 약 7억7420만 리터의 원유가 멕시코만으로 유출되었다.
이 사고로 조류 약 6,000마리, 바다거북 600마리, 해양 포유류 100마리가 죽은 것으로 추정된다.

사진: NASA / 고다드Goddard 우주비행센터

선라이즈 댐 금광
서호주

선라이즈 댐Sunrise Dam에서는 1988년에 금이 발견되었고, 1995년부터 본격적인 채굴이 시작되었다.
처음에는 노천광open pit mine 방식으로 운영되었지만, 2003년부터는 지하 채굴underground mining도 병행되고 있다.
광산이 외딴 지역에 위치해 있어, 작업자들은 항공편으로 현장에 오가야 하는 경우가 많다.
사진: NASA EO-1 팀 / 제시 앨런Jesse Allen

노천광
애리조나, 미국

애리조나Arizona는 미국 최대의 구리 생산지다.
광물이 주로 지표 근처에 분포해 있어, 대부분 노천 채굴open pit mining 방식이 사용된다.
왼쪽에 보이는 아사르코 미션 광산Asarco Mission Mine은 하루에 48,000톤 이상의 광석을 처리한다.
사진: NASA/익스페디션 22 탐사대Expedition 22 Crew

수에즈 운하
이집트

나일강 오른쪽에 위치한 수에즈 운하는 1869년에 완공되었다.
이 운하는 아시아에서 유럽으로 가는 화물 운송에 있어, 아프리카 남단을 우회하지 않아도 되는 지름길 역할을 한다.
예를 들어, 사우디아라비아에서 미국으로 향하는 유조선은 이 운하를 이용함으로써 약 4,385km의 항로를 단축할 수 있다.
사진: NASA/GSFC/JPL, MISR 팀

CLOUDS

소용돌이부터 피어오르는 적운까지, 이 놀라운 기상현상은 오래도록 인류의 넋을 빼놓았다.
최근 위성사진이 전혀 새로운 수준의 과학적 통찰을 제공하면서, 구름에 대한 이해도
그 어느 때보다 높아졌다.

태풍 샌디

미국

2012년 10월 30일

자메이카에서 뉴욕까지 휩쓸고 지나간 이 슈퍼 태풍은 지나가는 경로를 초토화시키며 약 100조원이 넘는 피해를 입혔다. 캐나다에서 남쪽을 바라본 이 사진을 보면 동쪽 해안 전체가 태풍에 가려져 있는 것을 확인할 수 있다. 사진 상단에 보이는 플로리다도 태풍으로 인한 돌풍을 겪었다. 구름 밑에서 분 최대 시속 185km의 바람은 뉴욕항에 10m 높이의 파도를 불러왔고, 맨해튼의 대부분은 정전이 됐다.

사진: NASA/ 노먼 쿠링Norman Kuring

층적운
태평양

지구의 가장 큰 바다인 태평양 위의 하늘에선 굉장한 모양의 구름이 여럿 관찰되곤 한다. 이 거대한 층적운의 중심에서는 두 가지 현상을 확인할 수 있다. 첫째, 과달루페 섬 바로 남쪽에서 일렬로 줄지어 소용돌이치는 칼만와류Von Karman vortices가 보인다. 둘째, '글로리'라 불리는 두 개의 희미한 무지개 같은 선들이 구름을 가로질러 뻗어 있다.

사진: NASA/ 제프 슈말츠Jeff Schmaltz

곡선 너머로
태평양

이 사진도 태평양 위의 하늘에서 관찰된 모습이다. 한 겹의 층적운이 바하칼리포르니아 반도 해안선을 감싸고 있다. 그리고 이 층적운의 중심을 가르는 1000km 길이의 곡선이 보인다. 이 곡선은 사진 상에선 두터운 구름에 가려 보이지 않는 산 클레멘테 섬 위에서 구름이 갈라지면서 형성되었다.

사진: NASA / 제프 슈말츠Jeff Schmaltz

구름 거리

베링해 성 매튜 섬
알래스카와 러시아 사이에 위치한 이 외로운 섬에 아름다운 기상 현상이 관찰되었다. 바로 '구름 거리'다. 얼음장 같은 대륙에서 온 찬 공기가 바다 위를 휩쓸면서 습한 바다 공기를 식히고 얼려 폭좁고 매끈한 평행 기둥들이 형성된 것이다.

사진: NASA / GSFC / 랜스Lance

변화의 때

여러 인공위성의 관측 이미지를 결합한 이 사진을 보면 지구 대기가 지속적인 순환 상태에 있다는 사실을 알 수 있다. 적도 주위의 뜨거운 지점에서 공기가 상승하고, 차가운 곳에선 공기가 하강한다. 대지가 공기의 흐름을 방해하고 다양한 날씨가 서로 충돌하는 동안, 구름들은 복잡하고 끊임없는 변화를 겪으며 서로 얽히고설킨다.

사진: NASA / 매릿 젠토프트닐슨 Marit Jentoft-Nilsen / 로버트 시몬 Robert Simmon

태풍 카트리나

멕시코 만

2005년 8월 28일

이 태풍으로 멕시코만에 물이 휘몰아치면서 그 위에 거짓말 같이 하얀 구름 소용돌이가 형성되었다. 확연한 태풍의 눈을 중심으로 370km 폭으로 퍼져 있는 태풍이 뉴올리언스를 향해 시속 280kmfh 움직이고 있는 모습이다. 이후 카트리나는 루이지애나에 도달해 1,500명 이상의 목숨을 앗아갔다.

사진: NASA / GSFC /

제프 슈말츠Jeff Schmaltz

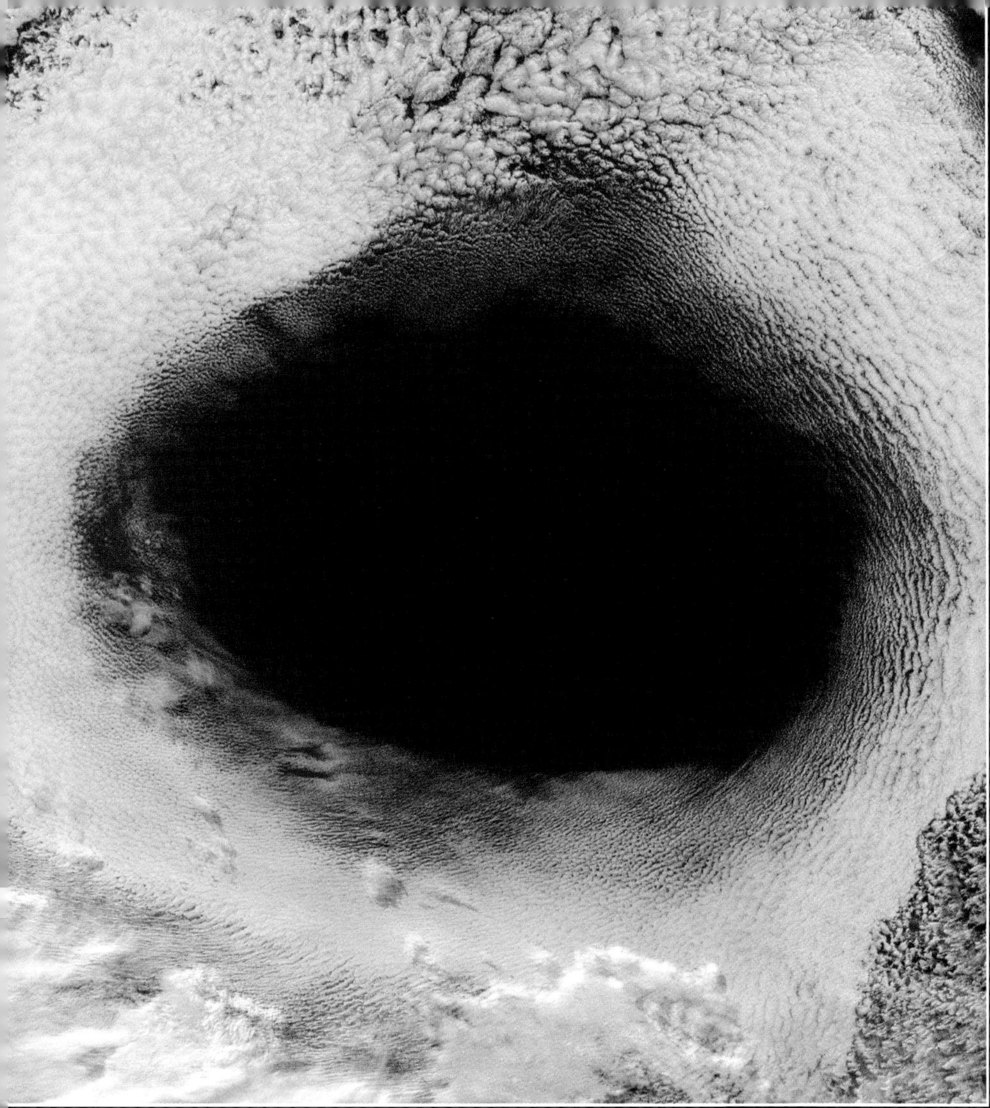

압력점

호주 태즈메이니아

태즈메이니아 서쪽 해안가에는 고기압으로 인해 구름 속에 이런 환상적인 틈이 생긴다. 1,000km 폭 이상의 이 타원형 구멍은 기압이 높은 공기 한 덩어리가 적은 구름층을 뚫고 가라앉으면서 형성된다.

사진: NASA/

제프 슈말츠Jeff Schmaltz

건조하고 높은 곳

세네갈/말리

국제우주정거장(ISS)에서 촬영한 이 사진에서는 적란운이 아프리카 위에 드리우고 있는 모습을 볼 수 있다. 이 거대한 구름은 위로 뻗어 나가다가 더 이상 상승하지 못하도록 방해하는 건조한 대기층에 닿게 된다. 상승하고자 하는 힘 때문에 구름이 사방으로 넓게 퍼지게 되고, 그 결과 모루 비슷한 모양이 형성된다.

사진: NASA/ 익스페디션 16 탐사대

소용돌이 거리
마데이라

북대서양의 바람이 마데이라 위에서 갈라지면서, 사진처럼 구름들이 물결치게 된다. 소용돌이들이 벌집과 비슷한 모양으로 구조를 이뤄 소용돌이 거리vortex street라고도 불린다. 각 개별 소용돌이는 이 현상을 촉발한 마데이라 섬보다도 크기가 크다.

사진: NASA/GSFC/

제프 슈말츠Jeff Schmaltz

수평선 위로
태평양

국제우주정거장(ISS)에선 해질녘이 어떻게 보이는지 알고 있는가? 해가 지면서 거대한 모루 모양의 먹구름들이 태평양에 긴 그림자를 드리우고, 바다에는 태양빛이 황금색으로 반사된다.
사진: NASA / 익스페디션 7 탐사대

천둥번개
브라질

줄 지은 먹구름들이 아마존에 비를 내리면서 원형의 패턴들을 형성하고 있다. 적란운이 이렇게 곡선을 그리고 있다는 건 수명이 거의 다했다는 뜻이다. 이 사진이 촬영된 후 얼마 지나지 않아 구름의 중심은 완전히 붕괴됐을 것이다.
사진: NASA / 고스Goes 프로젝트

구름들 속 파도
암스테르담 섬

인도양에 있는 이 작은 화산섬은 구름들을 파도치게 할 수 있다. 휴화산의 정상 위로 건조한 공기와 습한 공기가 차례로 움직이면서 각기 다른 반응을 불러일으킨다. 습한 공기는 렌즈운을 형성하고, 건조한 공기는 아무것도 형성하지 않는다. 이로 인해 위의 하늘엔 파도 같은 모양의 패턴이 형성된다.

사진: NASA / GSFC /

제프 슈말츠 Jeff Schmaltz

CITIES

1800년에는 전 세계 인구의 단 3%(다른 자료는 8% 추정)만이 도시에 거주했다. 그러나 오늘날에는 인구 100만 명이 넘는 도시가 400곳 이상 존재하며, 전 세계 인구의 절반이 도시에 살고 있다.

샌프란시스코

미국

샌프란시스코San Francisco에서는 안개가 특히 여름철에 흔히 볼 수 있는 풍경이다. 태평양에서 불어오는 차가운 공기가 캘리포니아 내륙의 따뜻한 공기와 충돌하면서 안개가 만들어진다. 샌프란시스코는 미국(USA)에서 두 번째로 인구 밀도가 높은 도시로, 1제곱킬로미터당 약 7,200명이 거주하고 있다.

사진: NASA EO-1 팀

베네치아
이탈리아

곤돌라로 유명한 베네치아의 중심을 가로지르는 그랜드 캐널Grand Canal은 도시를 굽이굽이 흐르는 주요 수로다. 사진 속 흰 점선처럼 보이는 것들은 사람들을 실어 나르는 배들이다. 베네치아는 5세기에 세워졌으며, 118개의 섬이 운하와 400개가 넘는 다리로 연결되어 있다.

사진: NASA / 로버트 시몬Robert Simmon

도쿄
일본

원래는 작은 어촌에 불과했던 도쿄는 현재 1,420만 명이 사는 대도시로 성장했다. 낮 동안에는 직장인과 학생들이 유입되어 인구가 약 250만 명 더 늘어난다. 그러나 도쿄 주민의 46% 이상이 정년 이후 연령층이어서, 2100년경에는 인구가 절반 수준으로 줄어들 것으로 예상된다.

사진: NASA / GSFC / 아스터ASTER

아테네
그리스

거의 7,000년 동안 사람이 살아온 아테네는 세계에서 가장 오래된 도시 중 하나다. 고대 아테네는 기원전 508년에 세워졌으며, 아크로폴리스Acropolis로 가장 잘 알려져 있다. 도시 이름은 '가장자리의 도시'라는 뜻으로, 본도시 위 바위 언덕에 세워진 데서 유래했다.

사진: NASA / EO-1 팀

← 브라질리아
브라질

1956년에 건설된 브라질리아는 비행기 모양으로 설계되었으며, 20세기에 새로 세워진 도시 중 가장 크다.
그러나 수도임에도 불구하고, 브라질에서 네 번째로 큰 도시에 불과하다.
사진: NASA EO-1 팀

↓ 베르사유
프랑스

2,000개가 넘는 방을 갖춘 베르사유 궁전Palace of Versailles은 파리 외곽 교외 지역을 압도하는 규모를 자랑한다. 정원은 18세기에 설계되어 프랑스 혁명 이전에 완공되었다.
사진: 디지털글로브DigitalGlobe / 게티Getty

미국 엘패소와 멕시코 후아레스

위에서 내려다보면 엘패소와 후아레스는 마치 한 도시처럼 보인다. 사진을 대각선으로 가로지르는 리오그란데강Rio Grande이 미국과 멕시코를 가르는 국경이다.
이 위성사진은 위조색(False-colour, 실제 색을 변환해 특정 정보를 강조하는 기법)으로 촬영됐으며, 붉은색이 식생을 나타낸다. 가장 밝은 붉은색이 보이는 곳은 엘패소로, 주민들이 가꾼 공원과 정원이 황량한 주변 토지와 뚜렷한 대조를 이룬다.
사진: NASA / GSFC / 아스터ASTER

카라치

파키스탄

'빛의 도시City of Lights'로도 불리는 카라치는 파키스탄에서 가장 큰 도시다.
가장 오래된 건물들은 도심에 있으며, 나머지 지역은 격자형 도로망이 촘촘히 펼쳐져 있다. 아라비아해의 맹그로브 숲이 빽빽한 도시 경관 속에 드문 녹지를 제공한다.
사진: NASA EO-1 팀

THE HOT EARTH

우리 행성은 엄청난 양의 열로 움직인다. 이 열은 지표를 끊임없이 변화시키기에 충분하다. 지구의 뜨겁게 녹아 있는 핵에서 힘을 얻는 화산부터, 태양에 의해 바짝 말라버린 광활한 사막까지, 열은 창조적인 동시에 파괴적인 힘을 지녔다.

사리체프 봉화산

러시아 쿠릴 열도

2009년 6월 12일, 사리체프 봉화산이 분화하며 거대한 화산재 기둥을 하늘로 내뿜었다. 매끈한 흰 구체는 증기로, 이는 뜨거운 화산재가 치솟으며 주변 공기 속 수증기가 급격히 응결해 형성된 것이다. 이 현상은 잠시만 지속되며, 곧 폭발이 작은 둥근 구름마저 집어삼키게 된다.

사진: NASA

그랜드 프리즈매틱 스프링

미국 옐로스톤 국립공원

세계에서 세 번째로 큰 온천인 이 지열 풀은 수온이 최대 87℃까지 올라간다. 선명한 색채는 따뜻하고 미네랄이 풍부한 물속에서 번성하는 세균과 조류[Algae, 물속에 사는 광합성 생물] 덕분이다.

사진: 디지털글로브DigitalGlobe / 게티Getty

간헐천 계곡

러시아 캄차카

1941년에 발견된 이 외딴 분지에는 약 90개의 간헐천과 다수의 온천이 있다. 몇 년 전, 거대한 산사태가 계곡을 덮치면서 간헐천의 절반이 매몰되고, 그 자리에는 자연호가 형성됐다.

사진: 디지털글로브DigitalGlobe

타실리 나제르

알제리

언뜻 보면 다른 행성의 표면처럼 보이는 이 풍경은 사실 사하라 사막의 광대한 일부다. 약 1만 2,000년 전, 이 지역이 호수로 가득 차 있던 시절 물에 의해 암반 지대가 깎였으며, 이후 불타는 듯한 열기와 거센 사막 바람에 의해 지금처럼 부드럽게 다듬어졌다.

사진: 디지털글로브DigitalGlobe

산불

호주 태즈메이니아

2013년 1월, '성난 여름angry summer'이라 불린 시기에 태즈메이니아 전역의 숲과 들판이 불탔다. 이 위조색False-colour 이미지에서는 붉은색이 손상되지 않은 숲을, 갈색이 심하게 불탄 땅을 나타낸다. 총 피해 면적은 암스테르담 시 전체보다 넓은 수풀 지대였으며, 100채가 넘는 주택이 완전히 소실됐다.

사진: NASA / GSFC / 아스터ASTER

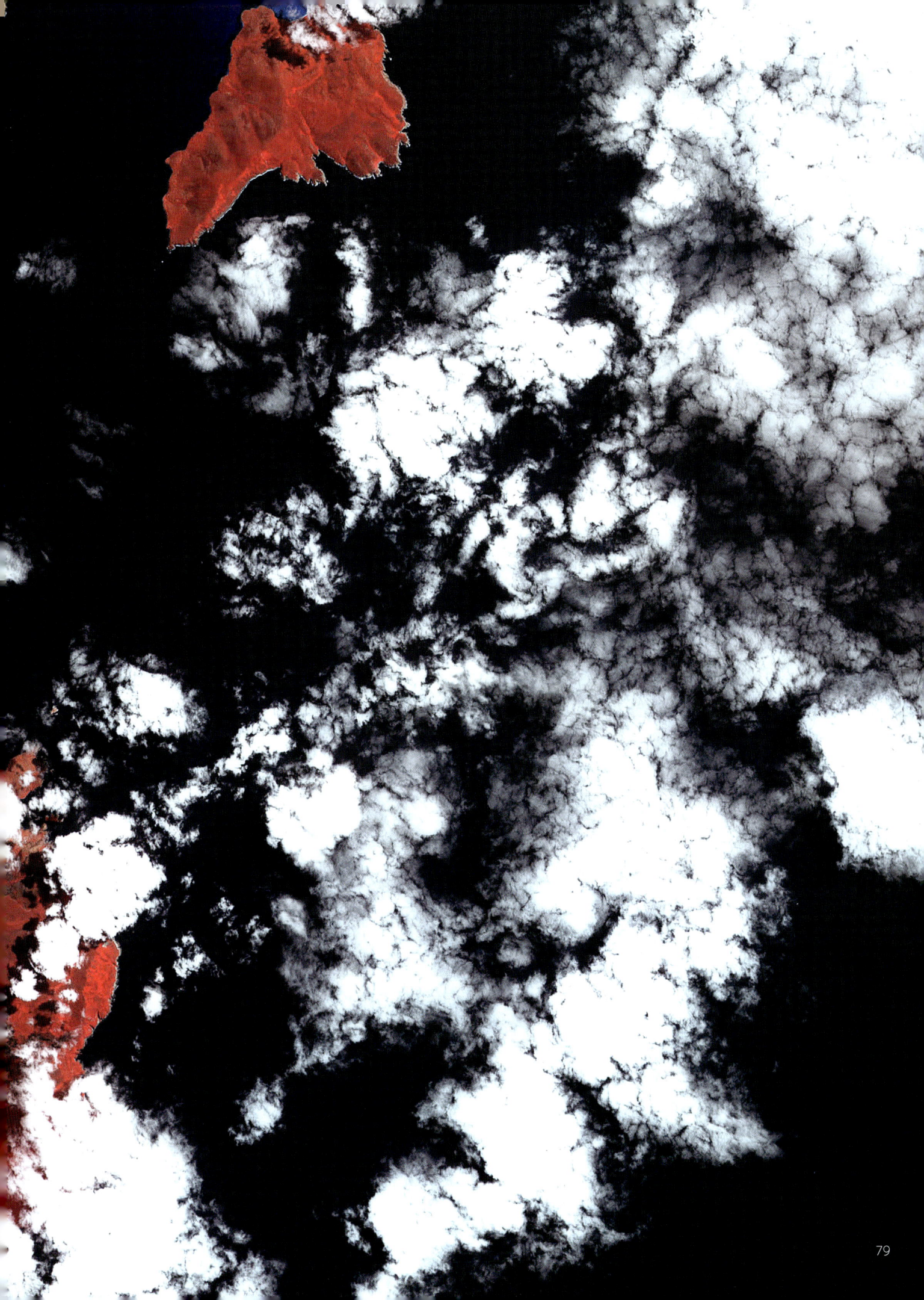

먼지 폭풍

멕시코

대기는 끊임없이 우리의 환경을 바꾼다. 이곳에서는 강한 바람이 거대한 먼지 폭풍을 일으켜, 수톤에 달하는 고운 모래를 본토와 바하칼리포르니아 반도 Baja California Peninsula에서 태평양으로 실어 나르고 있다.

사진: NASA / 오션컬러팀 Ocean Color Team

← 미네랄이 풍부한 이 사하라 먼지 기둥은 결국 지중해로 날아가 식물성 플랑크톤Phytoplankton(해양 먹이사슬의 시작점)의 먹이가 되며, 유럽 전역에도 퍼진다.
사진: NASA / 제프 슈말츠Jeff Schmaltz

먼지 확산
페르시아만

↓ 남서풍에 갇혀 페르시아만 위를 맴도는 얇은 먼지 장막이 이란 해안을 덮고 있고, 더 큰 먼지 구름은 동쪽으로 빠져나가고 있다.
사진: NASA / GSFC / 제프 슈말츠Jeff Schmaltz

푸예우에 – 코르돈 카우예
칠레

2011년 6월 6일, 칠레 동부 국경 근처, 불안정한 푸예우에 – 코르돈 카우예 화산 복합체가 깨어났다. 코르돈 카우예 지역에 새로운 균열이 생기며 폭발이 시작됐고, 그 과정에서 수백만 톤의 화산재와 부석이 공중으로 뿜어져 나왔다. 거대하고 짙은 화산재 기둥은 국경을 따라 북쪽으로 확산된 뒤, 바람 방향이 바뀌면서 이웃 나라 아르헨티나 전역을 가로질러 퍼져 나갔다.

사진: NASA / 고다드Goddard

에트나 산
시칠리아, 이탈리아

2002년 10월 27일, 일련의 소규모 지진 후, 유럽에서 가장 활동적인 화산이자 시칠리아 북동부 끝에 자리한 에트나 산이 폭발했다. 용암류가 정상 사면을 따라 흘러내리고, 산불이 곳곳에서 발생했으며, 거대한 화산재 구름이 대기로 치솟았다. 이 화산 물질은 멀리 리비아까지 날아가 떨어졌다.

사진: NASA / GSFC / 제프 슈말츠 Jeff Schmaltz

타타 사바야

볼리비아

지구 곳곳에는 대재앙의 흔적이 숨겨져 있다. 사진 중앙에 보이는 타타 사바야는 지금은 조용히 잠든 비활성 화산이다. 그러나 약 1만 2천 년 전, 그 전신이었던 화산이 붕괴하면서 발생한 거대한 산사태가 300km²에 달하는 지역을 뒤덮었다. 이는 워싱턴 D.C. 면적의 거의 두 배에 해당한다. 이 사건은 정상 남쪽 지형에 깊은 상흔을 남겼고, 그 주변을 바위와 암석으로 뒤덮었다.

사진: NASA / 익스페디션 35 크루

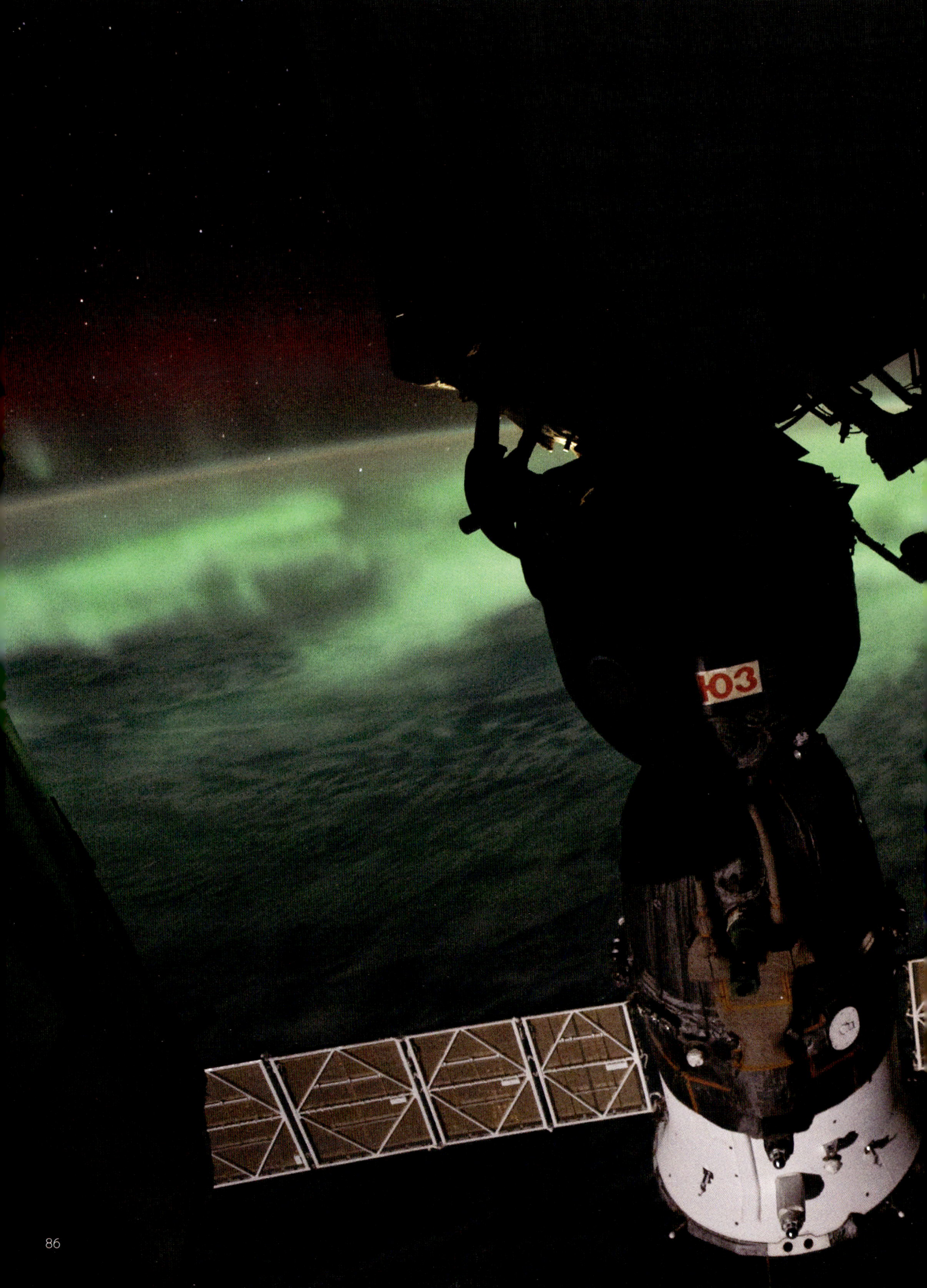

EARTH AT NIGHT

어둠에 싸인 밤, 지구는 반짝이는 빛의 덩어리로 변한다.
밤의 길이는 위치나 계절에 따라 달라진다. 여름 동안 남극과 북극은 24시간 햇빛을 받지만 겨울에는 완전히 새까매진다.

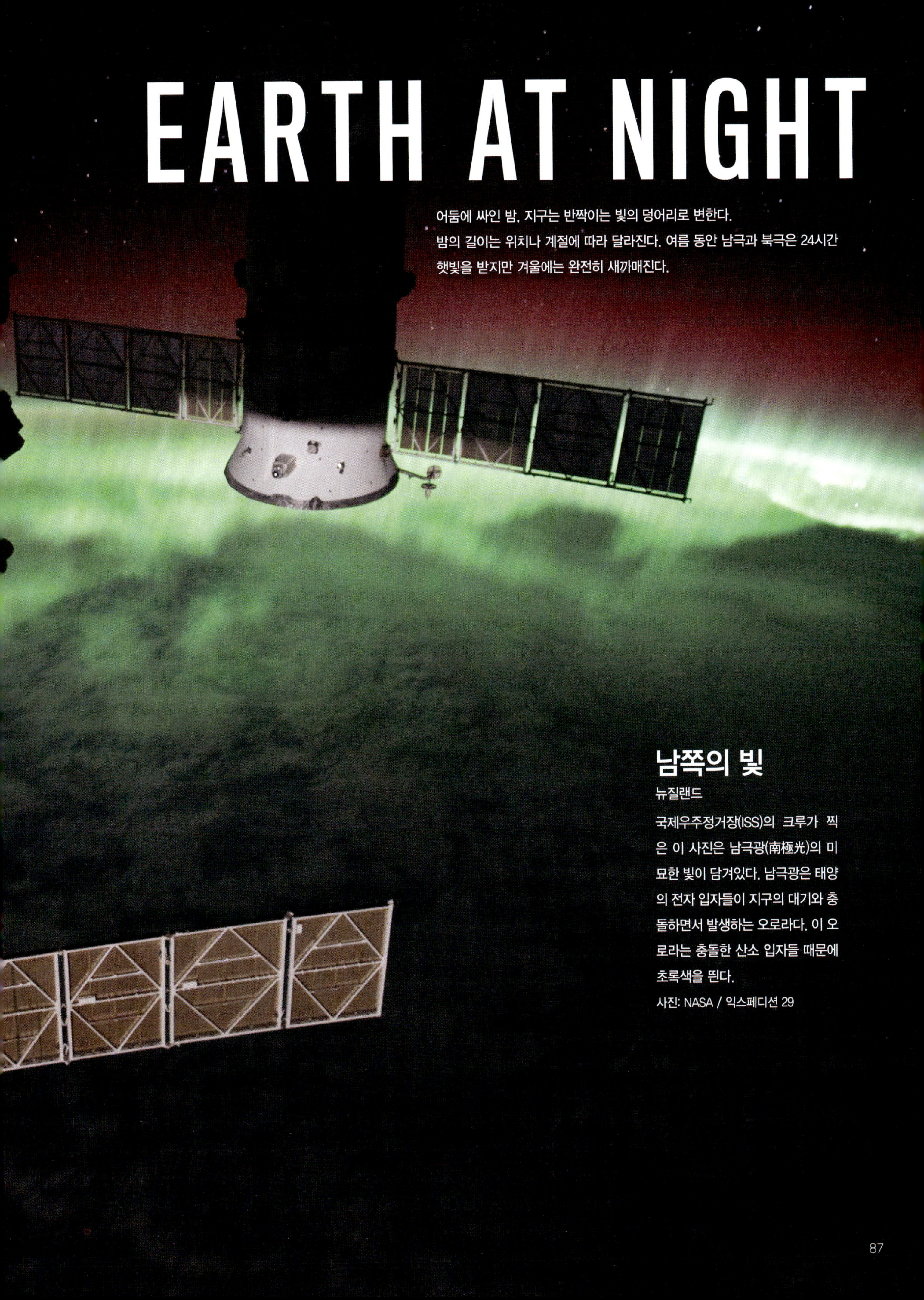

남쪽의 빛

뉴질랜드

국제우주정거장(ISS)의 크루가 찍은 이 사진은 남극광(南極光)의 미묘한 빛이 담겨있다. 남극광은 태양의 전자 입자들이 지구의 대기와 충돌하면서 발생하는 오로라다. 이 오로라는 충돌한 산소 입자들 때문에 초록색을 띈다.

사진: NASA / 익스페디션 29

빛나는 도시들
유럽

밤이 되면 유럽은 빛으로 뒤덮이고 중앙 도시들은 신호등 불빛마냥 더 환하게 빛난다. 이탈리아 북부, 영국 중부와 벨기에는 그곳에 밀집한 대도시 때문에 모두 밝게 보인다. 이와 반대로, 아프리카 내륙은 거의 완전히 어두운 모습을 볼 수 있다.

사진: NASA / DMSP

← 모스크바
러시아

국제우주정거장(ISS)의 태양광 판넬 뒤로 작게 보이는 곳은 유럽에서 두 번째로 큰 인구 1,150만 명의 도시, 러시아 모스크바다. 지평선에서 해가 뜨면서 북극광(北極光)과 접하고 있다.

사진: NASA / 익스피디션 30

↓ 피닉스
미국

피닉스의 거리 격자무늬는 밤에 특히 눈에 더 잘 띈다. 이 도시는 해당 약 133억 6,000만원에 해당하는 전기료가 소모되는 88,500개 이상의 가로등으로 밝혀진다.

사진: NASA / 익스피디션 30

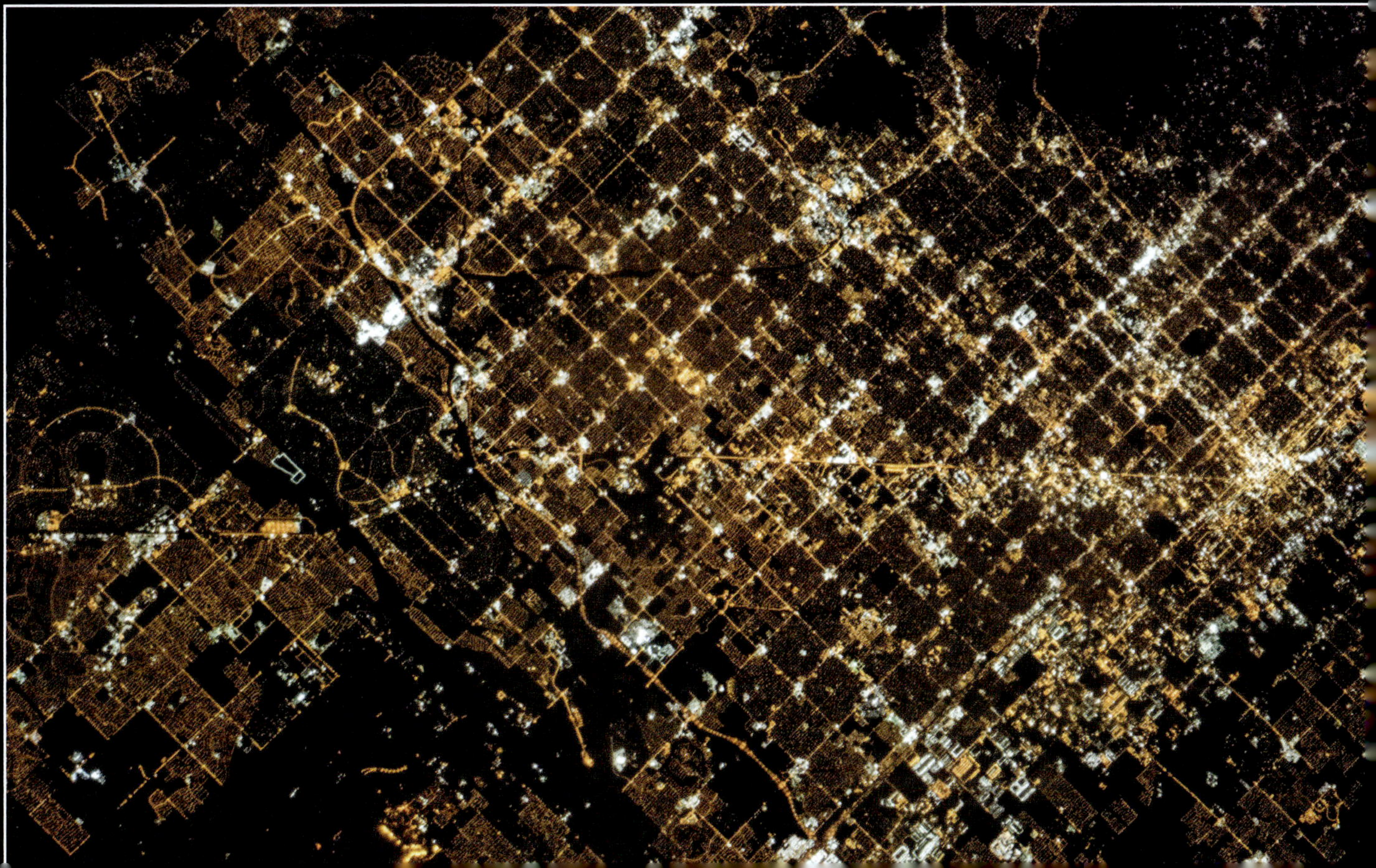

천둥번개

밤 시간의 천둥 번개 동안 번개가 지구 위로 번쩍이고 있다. 번개는 구름 내 전기 에너지가 결집하면서 형성된다. 어느 이상으로 충전되면 번개가 번쩍인다. 지구엔 매초 대략 100회의 번개가 일어난다.

사진: NASA ISS

한반도

두 국가 간의 차이가 이보다 극명하게 보인 적은 없었다. 사진 정중앙은 밝게 밝혀진 대한민국이고, 그 위 거의 완전한 어둠에 휩싸인 곳이 북한이다.

사진: NASA / 제시 앨런Jesse Allen / 로버트 시몬Robert Simmon

←
어둠

아메리카 대륙에 낮이 찾아오는 동안, 지구 반대편은 밤 시간이 찾아온다. 유럽과 아시아를 가로지르는 큰 도시들은 바로 눈에 띄지만, 큰 인구 밀집도를 가진 나일을 제외한 아프리카 나머지는 빛이 드문드문 정도로만 있다.

사진: NASA / 로버트 시몬

해질녘
인도해

이 사진에선 지구의 다양한 대기층을 관찰할 수 있다. 밝은 주황색은 지구의 대류권으로, 표면에서 20km 높이까지를 가리킨다. 그 너머는 성층권, 그리고 파란색 경계를 넘어 가는 어두운 부분은 우주다.

사진: NASA / 익스피디션 23

ISS

국제우주정거장(ISS)은 1998년 첫 모듈 발사 후 확장되었으며, 과학 실험과 우주 관측, 장기 체류 연구를 수행한다. 시속 약 28,000km로 하루 16바퀴 지구를 돌며, 지상에서도 맨눈으로 볼 수 있다.

폭풍의 눈
ISS

국제우주정거장(ISS)에서 루이지애나주를 강타한 사상 최강급 허리케인 '아이더Hurricane Ida'가 포착됐다. 아이더는 강과 하천이 범람하게 만들고, 전력망을 마비시켰다. 피해는 미국 북동부까지 이어져, 뉴욕의 지하 거주공간이 불과 몇 분 만에 침수되기도 했다. 아이더로 인한 사망자는 총 112명에 달한다.

사진: ISS

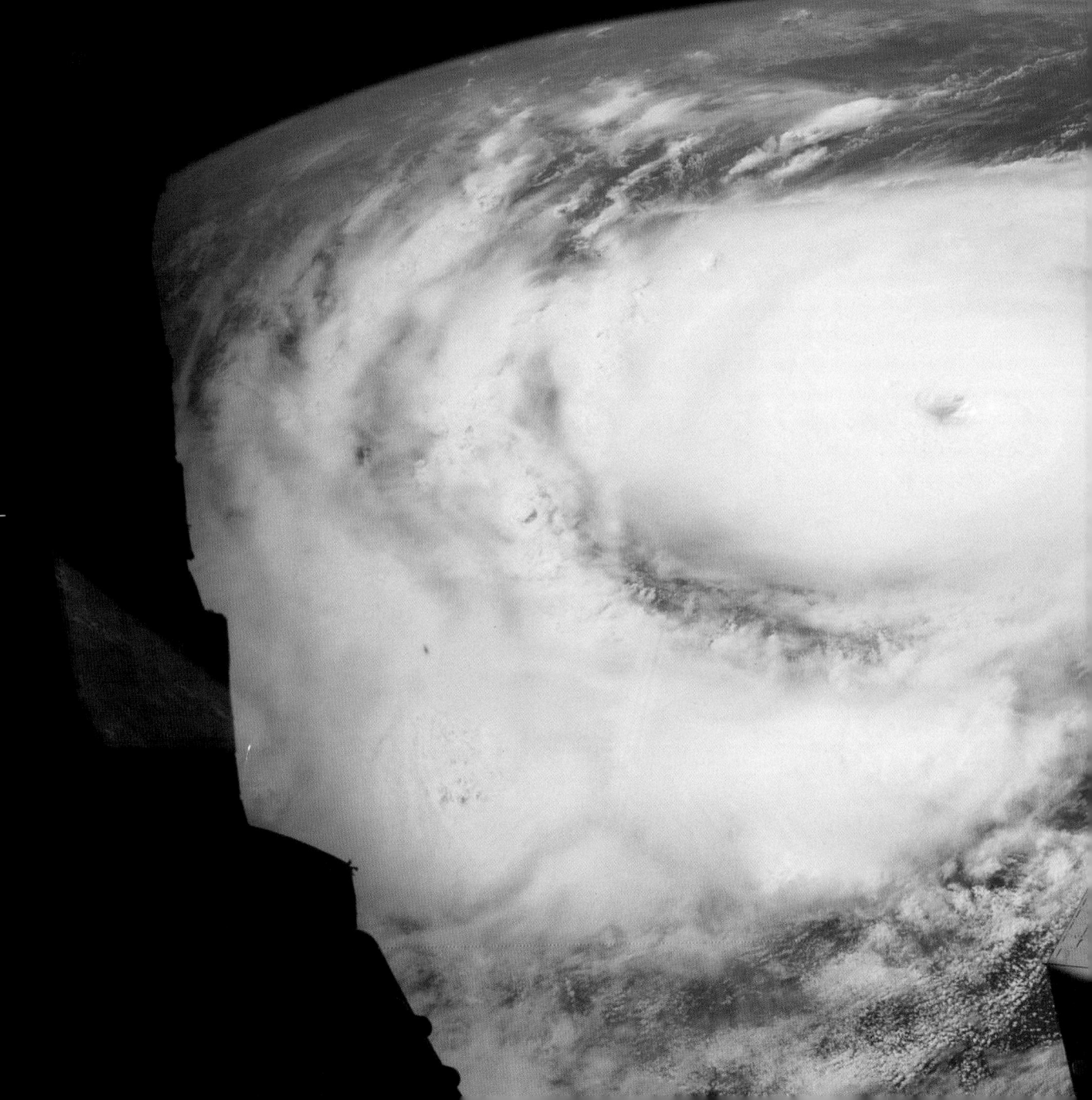

달의 저무는 순간
ISS

달이 지평선 너머로 사라질 때, 마치 지구 대기 속에 떠 있는 듯한 장관이 펼쳐진다. 과학자들은 달이 형성됐을 당시 지구로부터 약 14,000km 떨어져 있었을 것으로 추정한다. 그러나 달은 매년 약 3.8cm씩 멀어지고 있는데, 이는 사람 손톱이 자라는 속도와 비슷하다. 현재 우리의 가장 가까운 천체인 달은 지구로부터 40만km 이상 떨어져 있으며, 여전히 조금씩 멀어지고 있다.

사진: ISS

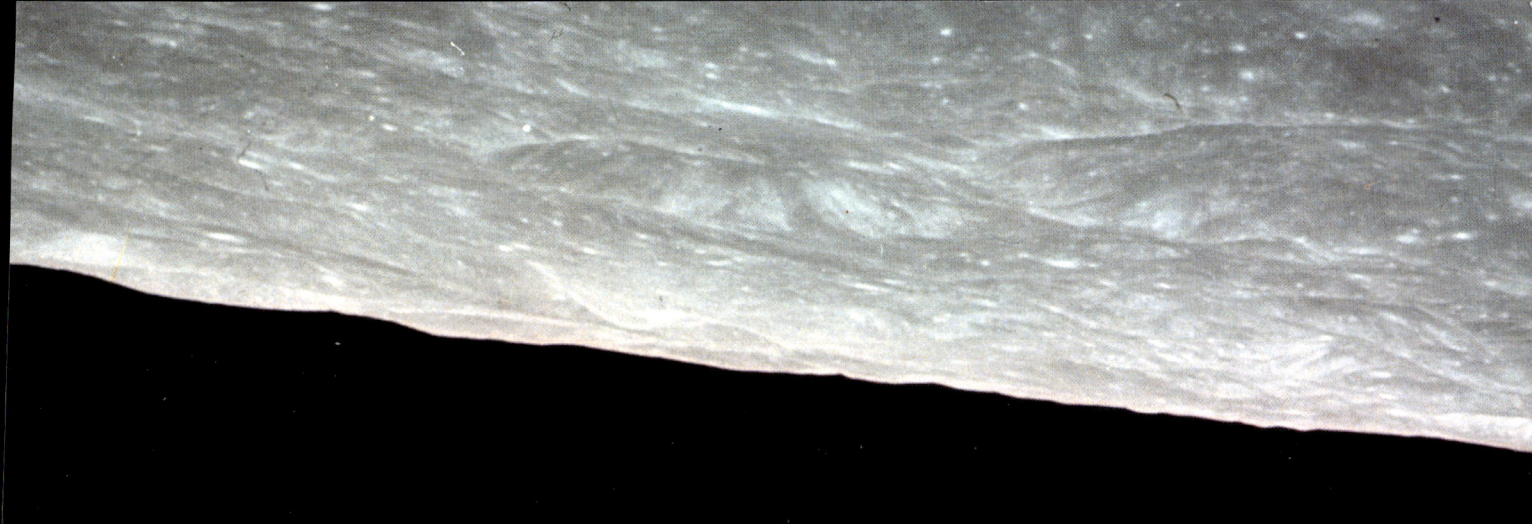

1968년, 아폴로 8호 우주비행사들은 인류 역사상 처음으로
지구 전체를 하나의 작은 공으로 목격했습니다. 그 순간 이후,
환경 운동가이자 인공위성이 우리 행성을 바라보는
새로운 시각들이 끊임없이 진행됩니다.

오늘날 지구는 24시간 내내 관측되고 있으며,
《우주에서 본 지구 Earth From Space》는 우리가 한 번도
보지 못했던 방식으로, 가장 아름답고, 감동적이며,
때로는 걱정스러운 모습으로 지구의 모습을 담아 보여줍니다.